花园球根植物

BULBOUS PLANTS

U0215505

程东宇 杨春起 主编

中国林业出版社

花园球根植物
编委会

主　编： 程东宇　杨春起
编　写： 程东宇　杨春起　金　环　李　婷　史东霞
徐　扬　马淑霞　孙维娜　陈　磊
摄　影： 玛格丽特
编　校： 赵芳儿　淑祺

BULBOUS
PLANTS

图书在版编目（CIP）数据

花园球根植物 / 程东宇, 杨春起主编. -- 北京 :中国林业出版社, 2018.10

ISBN 978-7-5038-9807-5

Ⅰ. ①花… Ⅱ. ①程… ②杨… Ⅲ. ①球根花卉 Ⅳ. ①S682.2

中国版本图书馆CIP数据核字(2018)第239620号

责任编辑： 印　芳　邹　爱
出版发行： 中国林业出版社（100009 北京西城区刘海胡同7号）
电　　话： 010-83143571
印　　刷： 固安县京平诚乾印刷有限公司
版　　次： 2018年11月第1版
印　　次： 2018年11月第1次印刷
开　　本： 710mm×1000mm　1/16
印　　张： 8
字　　数： 154千字
定　　价： 49.00元

前言

PREFACE

球根植物是一年栽植多年开花的植物。以其华丽的色彩创造出五彩缤纷的花园景观，为我们所熟知的百合、水仙、郁金香等球根植物在花园中总是成为景观中的焦点。在球根植物当中，既有像花葱、唐菖蒲、百子莲那样长得高大的植物，也有像葡萄风信子、雪片莲、秋水仙那样低矮的植物。球根植物由于具有肥大的球根，本身贮存养分，故能适应长期、比较干旱的环境。

本书从球根植物的挑选、病虫害防治、种植等方面介绍了其造景方法。也详细描述了各种植物的拉丁学名、别名、科属特征、观赏期、花园应用及养护要点。配上精美的彩图全方位的呈现不同种类植物的特征。带你打造出独一无二的花园，移步异景优雅可人，既有中国特色与文化内涵又能跟上时代潮流。

编者

2018.10.15

目录

CONTENTS

球根植物

PART 1

认识球根植物

你是否觉得一二年生花卉每年都要重新播种栽植很麻烦？我们现在来了解多年生花卉——球根植物吧。

BULBOUS PLANTS

球根植物为多年生草本植物，
其开花鲜艳的色彩
赋予花园生机和季节性的
连续观赏效果，
可以弥补花期较短的多年生植物
和灌木之不足。

球根植物由于球根本身贮存养分，所以栽植在土中只要水分适宜，就能培育出健壮的植株。种植球根后，就兴奋地期待着发芽、长叶、着蕾、开花，这种心情很特别。

BULBOUS PLANTS

水仙和郁金香等，是我们很熟悉的球根植物不仅有独特的形状，花色也非常丰富，因此即使在花坛中也格外美丽，很自然地吸引住了爱花的心。

BULBOUS PLANTS

球根植物同样可以穿插栽种在多年生植物间，
起到陪衬的效果。
比如春天的球根在花期过后，
枯死的花朵、叶片都可以被逐渐长大的宿根植物所遮盖，
弥补空隙。

BULBOUS PLANTS

球根植物种植简便、
既可地栽也可盆栽、对肥料需求少、
养护省工、不需经常更换花盆，
而且还体现出季相变化。

为了强调华丽的印象，色彩的用法非常重要。为了给人以明朗、可爱的印象，最好多用黄色、橙黄色；另外像白色或黄色的三色堇和茶色的郁金香搭配，时髦的配色虽然不华丽，但新颖的配置给人以深刻的印象。

BULBOUS PLANTS

球根植物中
有很多种类能作为地被植物，
如酢浆草植株低矮，叶青翠茂密，
小花繁多，花期长，
是极好的地被植物；
石蒜在冬季时绿叶葱翠，
能为冬天的庭院增加生机；
葱兰株丛低矮整齐，
花朵繁茂，花期长，
最适宜装饰园路和草坪修边。

在球根植物中，圆球形的花葱、颜色丰富的唐菖蒲、花朵大得惊人的朱顶红等，有个性而高雅的花非常齐全，真可以说是能够扮演花坛主角的花卉。

有些水生类球根植物可用于水池等水景中，如慈姑、洋水仙、黄菖蒲等，为水景增色。

BULBOUS PLANTS

栽植在水边的水仙正好呼应了他的传说，
一位喜欢对着水面照镜子的自恋美男子。
开完了的水仙和百合也可以剪下来
作为鲜切花放在室内装饰家居。

BULBOUS PLANTS

球根植物中花茎挺拔、
色彩鲜艳的种类常用于规则式花坛中，
可以取得欢快热烈的效果。

BULBOUS PLANTS

郁金香和洋水仙是早春花园的主角。

什么是球根植物

球根植物指地下部分变态肥大，形成具有球根、块茎、鳞茎、球茎的花卉。如我们很熟悉的百合和郁金香，不仅有独特的形状，花色也非常丰富。另外，在球根植物当中，既有像花葱、唐菖蒲、百子莲那样长得高大的植物，也有像番红花、葡萄风信子、雪钟花、秋水仙那样不足20厘米的植物。球根植物由于具有肥大的球根，本身贮存养分，故能适应长期、比较干旱的环境。

●巧妙地适应环境

称为“球根”的植物属于宿根草本，具备地下器官肥大的球根，贮藏有次年生长发育所必需的养分，能适应长期、持续干旱的严酷环境。

以郁金香为例，在原产地的中亚一带，夏季几乎没有降雨。以休眠状态度过高温干燥时期，到了秋季降雨，大地带着湿气，好不容易开始生长新根，但马上又迎来了寒冷的冬季，所以，使叶和花都不能生长。待地上部生长出来已是第二年春天了。

在这种气候条件下，他们逐渐形成了一旦遇有好的条件就快速生长发育，贮藏养分的功能。从郁金香来看，基部的叶片逐渐变得肥大，成为贮藏叶（鳞片叶）。

● 球根的种类

球根植物因肥大器官不同，分类如下。

鳞茎：如前述的郁金香、朱顶红、花葱、水仙、风信子、百合、石蒜等，叶的一部分变态肥大，成为球状。

根茎：地下茎肥大的种类。如美人蕉、德国鸢尾、姜花等。

球茎、块茎：茎的最下部成为贮藏组织的种类。像番红花、唐菖蒲等那样被网状外膜包裹的每年更新的就称为球茎。大岩桐、仙客来等没有外膜，年年肥大的称为块茎。

块根：根肥大变形、成为贮藏组织的。如大丽花、冠状银莲花、花毛茛等。

● “球根”是园艺上的一通俗用语

所谓“球根”是经常用于花卉园艺的用语。例如，甘薯是农作物，所以，即使它是典型的块根也只称为“红薯”。

还有即使是完全相同的鳞茎，花葱就称作球根，但洋葱却不那样称呼。

● 依栽植时期分类

秋植球根在夏季的高温干燥期休眠，从秋到春生长、发育、开花的。主要原产于从地中海沿岸到亚洲的温带地区，如水仙、郁金香、仙客来、百合等。

春植球根原产于冬季干燥的热带、亚热带，从春到夏，生长发育开花，冬季地上部枯死，处于休眠状态，如唐菖蒲、美人蕉、大丽花等。

除此之外，从南非引进的球根植物大丽花，与秋植球根相同，在夏季休眠，但一到秋季就迅速生长发育。在冬季开花的半耐寒性的种类很多，初秋为栽植适期，所以也称为夏植球根。

如何栽植球根

栽植时间

依球根生态习性不同，分为秋植、春植、夏植。

栽植介质

可以用土培、水培、砂砾、泥炭藓等介质进行栽培。

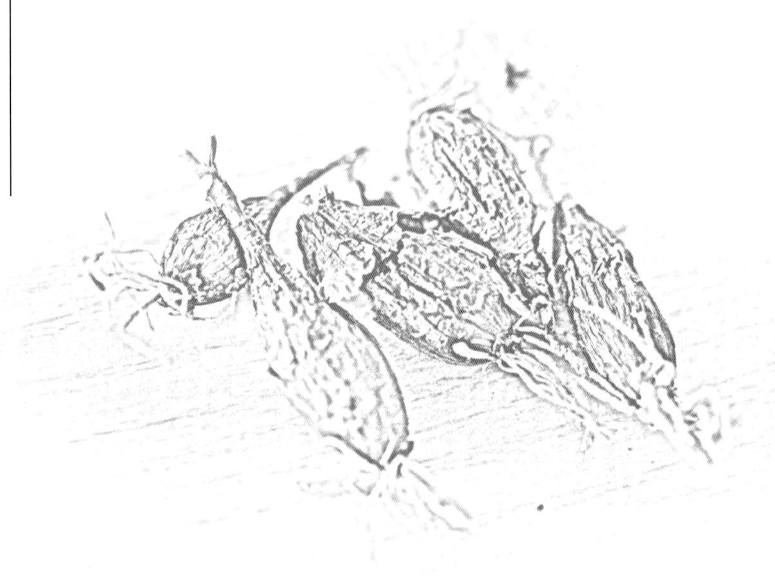

栽植方式

露地栽植：选择排水良好、向阳、富含腐殖质且无病虫害的肥沃土壤；将已消毒好的球根植入土坑内，覆土厚度一般是球根高度的 2 倍，株间距以球根直径的 3 倍为宜。

容器类栽培：依球根大小须选择合适的容器，过大过小均不利于生长。同时考虑到根的生长空间，给根的伸长多留些余地，尽可能浅栽。如仙客来、球根秋海棠等植物，由于喜排水好的地方，栽植时以露出球根肩部为好。但如百合、唐菖蒲等植株高的植物，要栽在纵深类型的花盆里，以便能充分覆土。 般的球根用中等深度类型的花盆，如白头翁、郁金香、花毛茛等。

水培：水培的魅力在于不需要土，只用水就能轻松、洁净地进行栽培。适合水培的球根如风信子、水仙、郁金香等大球根。水培要注意换水时不要折断根。水的量，第一次只要淹到球根的下部就行了，当长出根以后，保持淹到根的 2/3 处即可。此外，如果用砂砾、陶粒、泥炭藓等进行栽培，根据水培原理，只要能支撑起球根又能注意保湿，则可进行另一番有趣栽培。

球根的成功栽植

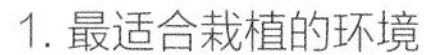

1. 最适合栽植的环境

球根植物，特别是秋植球根受人喜欢的重要原因恐怕是它一直到开花前的管理都非常容易。

秋植球根在球根中已经贮备了花芽和其他器官一直到开花的必要养分，一旦栽植，特别是露地栽植几乎无需管理。所以郁金香、风信子和番红花等球根养分可满足一个生长季的消耗，许多地方基本上都能开花。但是，如果日照不足则花茎徒长，长势贫弱。另外，水质污浊的环境等，球根容易腐烂。

水仙等每年连续栽培希望繁育球根时，必须栽植于满足适合生长条件的地方。

2. 在庭院和花坛的栽植

首先是露地栽植，适合栽培环境的条件如下。

（1）秋植球根　从冬季至春季开花，选择向阳的地方。排水良好是重要条件，冬季特别干燥的地方不适合。

（2）春植球根　从春到秋日照充足的地方较好。重要的是排水良好，但整个生长期间要能保持适当的湿度，由于生长期较长（5~10 月），土质应为富含腐殖质的肥沃土壤。

（3）夏植球根　因具半耐寒性，一般可以在容器内栽培，淮河以南比较温暖的地域也可以露地栽培。冬季到来年初夏日照要好，同时应选择在屋檐下等地方栽培以防冬季的霜冻。

另外，在 8~10 月栽植的夏植球根，有大丽花、石蒜、立金花、秋水仙等。由于它们数量少，为方便起见，我们将它们归入秋植球报。

基本的栽植法

定了栽植地方，准备齐后，就等栽培了。

前一年从庭园掘出的球根，取出时未消毒的，在栽植前浸入苯来特溶液进行消毒后方可栽植。市场上销售的球根已进行了杀菌消毒的不必担心。栽植需要的工具只有铲子。

栽植球根不能仅仅刨土至埋入球根的深度，那样常常导致球根伸根困难。应从放人球根的位置至少往下挖 10cm 左右。

一般覆土厚度是球根高度的 2 倍。因此，刨土坑的深度为球根高度的 3 倍以上，然后放入球根（百合例外，可深栽 10cm 左右）。

相邻球根之间的间隔以球根直径的 3 倍（约 3 个球根）为标准。这个间隔是考虑了来年根能充分生长的标准。如果仅为一季开花时（郁金香、番红花等消耗性球根），花开密些更漂亮，因此有一个球根的间隔就行了。

种球挑选与栽后养护

健康的好球

个儿大 饱满

●选择充实的球根

还有一个重要的事项是选择饱满的球根。例如，风信子等虽是大球根，但饱满度不够时手握不硬总感觉轻飘飘的，这种球根在氮过多的条件下栽培，冬天往往易腐烂。小苍兰等球根有凹陷的，在生长过程中会出现暂时性的生长停止。

● 球根的大小

球根依大小分成L球（大球）、M球（中球）、S球（小球）3个等级，不用说，越大的球根价格越高。

以单球赏花的水培等选择大的球根较为明智。有些种类如果选择小的球根，开花少，有时还不开花。选择从时侧面看，非常平而为圆的球根就是优质的。

但是要集中栽培一定数量成片观赏时，选择稍小的球根较为经济。

● 新手注意事项

选一些常见的比较适合新手的球根，比如：郁金香、洋水仙、风信子、葡萄风信子、番红花、花韭、酢浆草、大花葱等。

难度较大的银莲花、贝母等，可在有经验之后再尝试。而百合、朱顶红、大丽花、风雨兰等适合春天种植，最好到 3、4 月份再买。

尽可能选择饱满、个头大的球根。

● 球根养护

冬季户外管理，不用移入室内。

球根一般是一次性发根，生长期内尽量不要移栽，否则容易损伤根系，影响开花。

种下的球根会先长根，有的会等到春天才发芽，千万不要着急而挖出来看看长得怎样了。

球根花后处理：继续浇水施肥，挖球茎前两周停止水肥施入，直至叶片枯萎，挖出球茎，在阴凉处储存，第二年秋天再种。风信子、郁金香等不易复花的球根就需要每年都购买。

● 避免有病害和伤害的球根

最值得注意的是腐烂病。轻轻一压，球根的一部分软乎乎的就是此病。万一购买了这样的球根，应立即处理，防止传染给其他球根。

球根应在 -1℃的环境下贮藏防止温度波动超过 ±0.2℃，否则易生青霉病和腐烂病。

郁金香和番红花等必须避免灰霉病症状的出现。在国内市场销售的，因进行了消毒，几乎无一例发生。但在欧洲等海外旅行时，在当地购买的球根往往会发生此病，应注意。

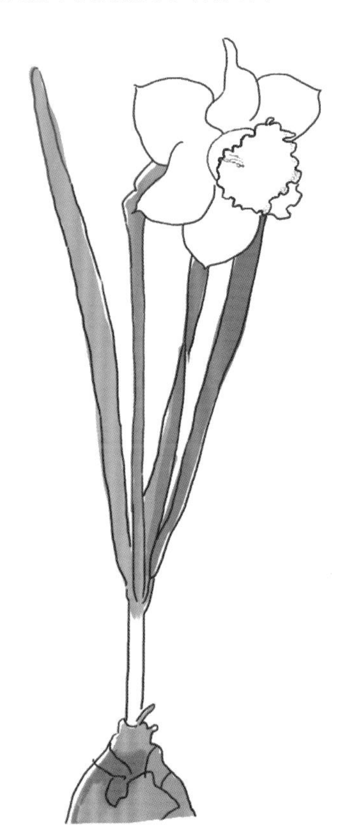

种植球根几步走

1 检查

健康的好球

个儿大 饱满

检查球球是否健康，剪掉已经腐朽干枯的根须，如果有少许霉烂部分，不用太紧张，剥除后用多菌灵浸泡消毒 1~2 小时，放阴凉通风处晾干后再行种植。

还有救的球球

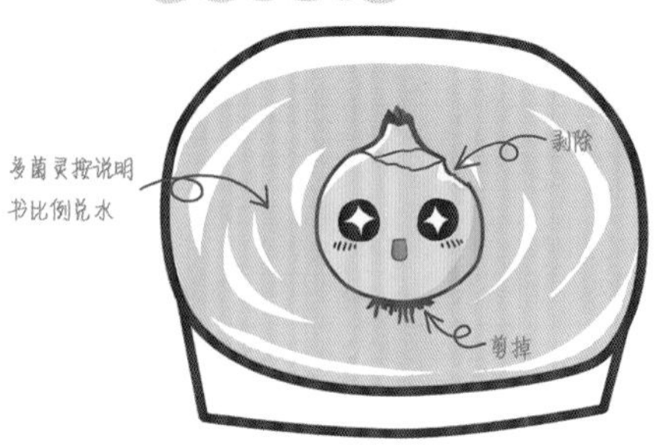

泡完澡又是一颗好球！

准备 2

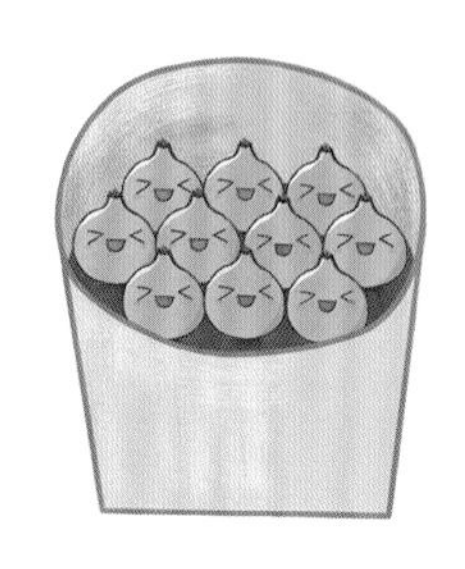

缓释肥

土壤中可以加些缓释肥

花盆：根据大小，可以密植或混植。

种植介质：疏松透气、排水良好的土壤，最好选用草碳土与蛭石 1 ： 1 配比的混合土壤可以加些缓释肥；如果是新手，可以选择球根种植专用土壤，防止积水烂球。

种植 3

盆土放一些轻石陶粒等，利于排水。

介质混合缓释肥，底部基肥（不施肥也可以）。

种植时根系部分朝下，芽头朝上，根据不同球根需要覆土。

TIPS

一般网上搜索到的球根覆土的高度，更适用于地栽。

盆栽球根建议覆土 1~2 倍（以球根的高度为准）。可以适当密植，盆栽开花效果更好。

4 浇水

浇透水，放阴凉处 1~2 周，利于根系生长，之后放置在阳光下。

球根植物病虫害防治

病虫害防治是保证花卉健康生长发育的必要措施，
也是花卉栽培不可忽视的重要问题。
对于球根植物来说，
病虫害防治需从以下几个方面考虑。

采用适宜的栽植技术

首先，要选抗病虫的优良品种，不要选带病虫害的球根。另外，要合理栽培和管理。主要体现在土壤条件、施肥、灌溉等方面。病菌、害虫的生长繁殖对土壤有一定要求，改变土壤条件就能大大影响病菌和害虫的生存条件和发生数量。注意合理施肥，未经腐熟的有机肥料，常常带有病菌及虫卵，易使根部受害；加强合理灌溉。另外，连作也容易发生病害，这也要注意。

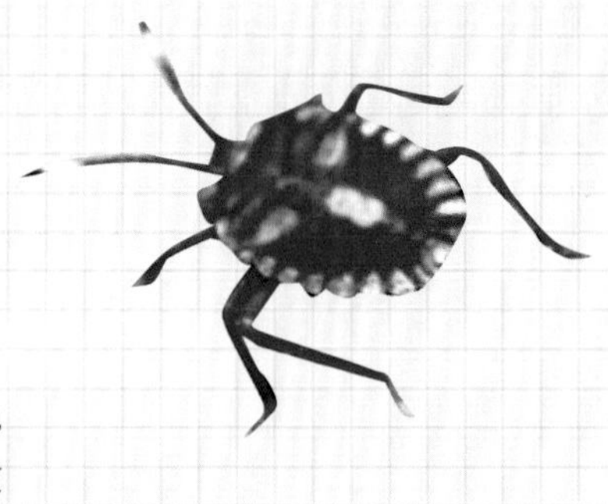

几种主要虫害及其防治

（1）叶螨　叶螨又名红蜘蛛，是一类重要的叶部害虫。受害叶正面最初可见小白点，逐渐变红，严重时全叶呈褐色似火烧，叶上并有丝网。以 7、8 月份为害最严重。在虫害发生期可喷洒开乐散乳剂等螨类专用药剂或喷 20% 三氯杀螨砜 800 倍，每 7 天喷一次，共喷 2~3 次，效果较好。

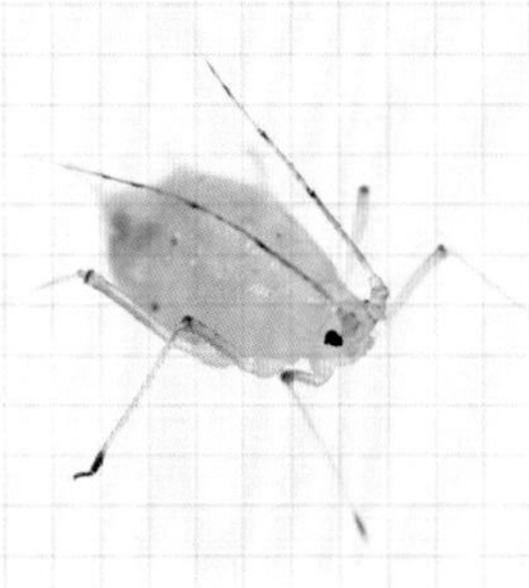

（2）蚜虫　群集叶背及嫩梢、花蕾等柔嫩地方吸取汁液为害，受害处皱缩、卷曲，严重时全株枯萎，影响植株生长发育。6~7 月为害最严重，为害期喷马拉松乳剂、杀螟松乳剂等容易防治。也可从植株发芽时开始，在植株周围每 20 天一次定期撒百克威颗粒剂或乙拌磷颗粒剂 1~2 克，就能杀死吸食汁液的害虫。

（3）刺足根螨　主要危害水仙、风信子、百合等球根植物。如发现受害植株球根已腐烂，上有许多白色螨虫。需在定植株根时，混一些敌死通颗粒剂、乙拌磷颗粒剂于土中进行预防。

（4）蜂斗螟、囊荷蝙蝠蛾　钻蛀花卉茎干，导致茎干枯萎。发现茎干有虫便，可剪下被害枝捕杀或焚烧。也可每月喷 2~3 次杀螟松乳剂加以预防。

（5）黄地老虎　其白天藏匿在土壤中，多在唐菖蒲等根颈处将茎咬断，致其枯死，要挖掘受害植株周围才能捕杀到。或撒些敌百虫，其啃食后也会死亡。

（6）金龟子　对这种飞来的吃叶、吃花类害虫，主要办法是坚持捕杀或喷洒气雾剂类杀虫剂灭杀。

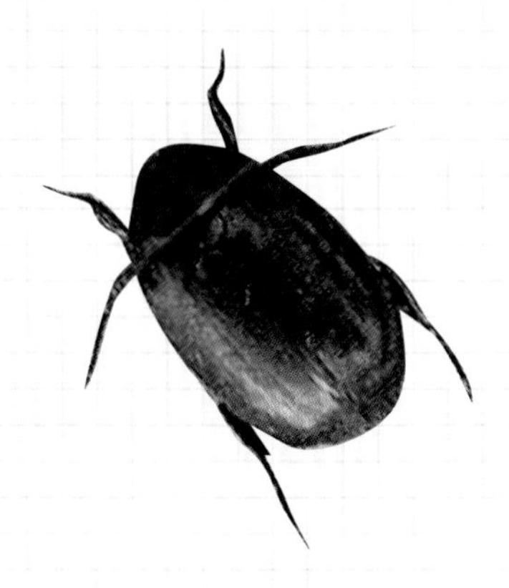

几种主要病害及其防治

（1）花叶病　属病毒病，可通过汁液和蚜虫传播，在受害植株如水仙、郁金香等叶片上出现斑驳、扭曲、植株矮化，重病株可提早死亡。一旦感染，建议发现一株就拔除处理一株。另外，使用的工具可用 3%~5% 磷酸钠或 0.2% 的高锰酸钾你浸泡，除去工具带的病毒，减少传染来源。

（2）软腐病　易发生于高温多湿环境，属土传性细菌引起的病害。百合、风信子、郁金香等都有发病的可能性。发病植株根部变软腐烂，地上部分其后变黄枯死，感染的球根散发出恶臭味。防治对策是不连作；对挖出的球根做消毒处理，浸入苯菌灵或甲基托布津中消毒。

（3）炭疽病　在受害植株叶片等部位出现黑色小斑点，防治方法是及时摘除病叶，并多次喷洒代森锌或克菌丹等药剂。

（4）斑点性病害　如轮纹病、黑点病、黑斑病等，受害植株在发病初期可使用代森锌或克菌丹等药剂进行喷洒，防止蔓延。大丽花、唐菖蒲易感染此类病害。

球根植物

PART 2

常用球根植物种类

生态习性

半耐寒球茎花卉，性喜光照充足、湿润的气候。宜肥沃、疏松及排水良好的微酸性砂质土壤。仙客来耐热性差，夏季忌高温高湿，休眠期喜冷凉干燥。其生长发育适温为15~20℃，生长期适宜的相对湿度为70%~75%。

品种非常多，红色、紫色、粉色各种艳丽的色彩，有的还带着蕾丝样迷人的花边。每一个花茎都高高地伸出叶面，花和叶完全两个层次。尤其是大红色，像极了熊熊燃烧的篝火。白色或白色带粉色碎边的品种，淡雅清秀，个别还带着淡淡的香味。

花园应用

仙客来因其花艳丽多姿、花期长，又适逢圣诞、元旦、春节等传统节日，可盆栽栽培用于花坛布景。在华南地区因冬季低温时间短，也可作露地栽培。

01

仙客来

Cyclamen persicum

别名：萝卜海棠、兔耳花、一品冠
科属：报春花科，仙客来属
类别：块茎类
花期：从秋至春
株高：10~30cm

养护要点

仙客来喜温暖湿润，但是怕涝，浇水要“见干见湿”，就是等土干透后再一次性浇透水。可以注意观察仙客来的花茎或叶子，如果有些微微发软，就表示要浇水了，更保险的是掂一下盆，仙客来喜欢肥沃透气的土壤，一般都是用泥炭混合珍珠岩种植。干透后花盆会很轻。阳台种植，浇水最好用浸盆法，用一个小水盆，里面放一半的水，把仙客来整盆放进水盆里，注意水面不要高出盆面，不然表面的泥炭就飘了起来。10多分钟后，保证介质吸足了水分，沥水后摆在原来的位置，根据水分的挥发程度，又可以坚持3、4天或一周的时间。

施肥的原则是“薄肥勤施”，不过开花期间可以暂停施肥。防止太肥了，花苞脱落或者烧根。

开花期需要阳光充足，温度不宜太高。10~20℃表现最好。及时拧去残花，不然结种子会浪费养分，会影响后面的开花。拧残花，要注意捏着花茎旋转，让花茎从最底部处拧下，不然残留的花茎容易霉烂。

仙客来夏天怕热，忌阳光暴晒，阴凉处可以安全度夏；冬天怕冷，0~5℃以下需要防护过冬。不过迷你型品种的仙客来则表现很好，更加耐寒些。可以整个冬天都摆在开放或半开放的阳台上。

02

垂筒花

Cyrtanthus breviflorus

别名：曲管花
科属：石蒜科，垂筒花属
类别：鳞茎类
花期：冬春季
株高：20~30cm

生态习性

原产于南非，我国台湾、华南、华东一带已有栽培。垂筒花喜阳光充足的环境，最适生长温度为15~25℃，较耐高温，一般在8℃以上可安全越冬。栽植土壤以湿润肥沃、排水良好的砂质壤土为宜。

花园应用

垂筒花属多年生常绿球根植物，花色鲜艳，可布置庭园，也可盆栽观赏或用于切花。

03
球根海棠
Begonia tubehybrida

别名：茶花海棠
科属：秋海棠科，秋海棠属
类别：块茎类
花期：秋季
株高：16~30cm

生态习性

喜温暖湿润、夏季不过热、日光不过强的环境。喜疏松肥沃、排水良好的微酸性砂质土壤。生长适温为15~20℃，一般不超过25℃。若超过35℃会引起块茎腐烂。冬季休眠，温度不可过低，需保持10℃左右。球根海棠长日照条件下能促进开花，短日照条件下抑制开花，却促进块茎生长。

花园应用

球根海棠花大色艳，姿态秀美，适宜盆栽和布置花坛。

04

风信子

Hyacinthus orientalis

别名：洋水仙、五色水仙
科属：百合科，风信子属
类别：鳞茎
花期：3~4月
株高：15~50cm

生态习性

其耐寒性较差。冬喜阳光充足、温暖湿润环境；夏喜凉爽及半阴环境。要求疏松肥沃、排水良好的砂质壤土。

花园应用

风信子花色丰富、植株低矮，可盆栽或栽植用于花坛、花境或小径旁。

风信子和葡萄风信子异同点

共同点

都喜冬季温暖湿润、夏季凉爽稍干燥、阳光充足或半阴的环境。
喜肥，宜肥沃、排水良好的砂质壤土，忌过湿或黏重的土壤。
有夏季休眠习性，秋冬生根，3月开花，6月上旬植株枯萎。

差　别

1. 发芽

风信子早春发芽；葡萄风信子秋冬长根后就发芽，叶子冬天常绿，所以也非常适合做林下地被，冬天整片都绿色的，春天开花时大片则像蓝色的湖水。

2. 复球

风信子复球率比较低，盆栽栽培基本是不复球的，因为即使复球后第二年开花，花也是开得很少，花形不整。这个和郁金香、国产水仙一样，需要在开花时就把花剪下，然后到6月份收球之前大肥养球，比较麻烦。

葡萄风信子容易复球，还很容易繁殖小球。地栽一定需要夏天起球，不然高温多湿，球茎会烂掉。盆栽的话如果不起球，可以放阴凉通风处保持干燥保存，切忌浇水和淋雨。

3. 香味

风信子香味浓郁，建议不要放在室内。葡萄风信子只有部分有香味。

TIPS

其实大部分的球根都很容易养，因为鳞茎储存了大部分的营养，地栽、盆栽或水培，都只要浇浇水，就可以开出很漂亮的花来，很适合新手。提醒几个注意事项。

风信子夹箭的问题

就是花茎没有长高，花却窝在叶子里开了，这样花开得少，还很难看。

防止夹箭的窍门：在风信子刚种下的时候，浇透水后放在户外庇荫处，不要阳光直射，先让球把根系长好，大概两周后再拿出来晒太阳就可以了。

葡萄风信子叶子太长

葡萄风信子秋天就发芽长叶，控制不好容易叶子太长，披头散发的，影响美观；另一方面，叶子吸收太多营养，会影响后面的开花。

防止窍门：在种下或复球的盆栽浇透水，让球根开始长根系，之后控制浇水，并给予足够的阳光。这样叶子便可以又绿又短，顶上一串串小葡萄就非常好看啦！

05

葡萄风信子

Muscari botryoides

别名：串铃花、蓝壶花、葡萄百合
葡萄水仙
科属：百合科，蓝壶花属
类别：鳞茎
花期：3~4月
株高：15~30cm

生态习性

喜温暖、湿润、向阳的环境，亦耐半阴。宜疏松肥沃、排水良好的砂质土。葡萄风信子为秋植球根，9~10月间发芽，次年春季迅速生长、开花。

花园应用

葡萄风信子植株矮小，花色明艳，花期早而长。蓝紫色小花集生成串，适宜花坛或草地及岩石园等镶边栽植，也可用于盆栽。

06
白头翁
Pulsatilla chinensis

别名：大碗花、老公花
科属：毛茛科，白头翁属
花期：3~5月
株高：约35cm

生态习性

适应性强，喜阳光充足的环境和排水良好的土壤，耐旱、耐寒。

花园应用

可作优良的地被植物，适宜自然栽植于花坛、花境或岩石园，亦可点缀草坪或林缘种植。

生态习性

喜阳光充足、通风良好的环境，不耐寒。土壤要求排水良好的、富含腐殖质的砂壤土。

花园应用

立金花花色艳丽，北方适温室盆栽，冬暖之地宜作花坛、花境栽植，亦可植于草坡或林下较阴湿处。

07
立金花
Lachenalia tricolor

别名：驴蹄草
科属：百合科，立金花属
类别：鳞茎类
花期：5~9月
株高：20~50cm

08

条纹海葱

Puschkinia scilloides

别名：蚁播花
科属：百合科，条纹海葱属
类别：鳞茎
花期：春季
株高：15~18cm

生态习性

早春开花最早的矮植球根之一，高15~18cm。每个球茎具两片基生阔线形叶，一支花梗，生5~8朵星状淡蓝色小花，每片花瓣中间都有一道海蓝色条纹惹人喜爱。条纹海葱非常耐寒、喜阳光，以及湿润环境，亦耐半阴。

花园应用

适宜花坛边缘、草坪丛植，也可盆栽观赏。

09
蓝光花
Chionodoxa luciliae

科属：百合科，雪光花属
类别：鳞茎
花期：夏季
株高：13~15cm

生态习性

喜阳光充足，也耐半阴。不择土壤，但湿润而排水好的土壤生长更好。将花盆埋入土壤，在芽头上用约5cm的土覆盖。花期后，让叶子自然黄败可使种球保持多年。

花园应用

适宜花坛边缘、草坪丛植，也可盆栽观赏。

10
大丽花
Dahlia pinnata

别名：洋芍药、大理花、西番莲、天竺牡丹
科属：菊科，大丽花属
类别：块根类
花期：从夏至秋
株高：40~150cm

生态习性

大丽花为春植球根，不耐寒忌高温，喜阳光充足、干燥凉爽、通风良好的环境。喜疏松肥沃、排水良好的砂质壤土。否则易引起花朵变小，色泽暗淡，观赏性降低。春天萌芽生长，夏末秋初开花。生长适温10~25℃。

花园应用

大丽花品种丰富、花色艳丽、花形多变，大花品种宜作花坛、花境及庭前丛植，矮生类型最宜盆栽观赏。

块根3月下旬下种、6月中旬就可以开花，喜凉爽气候，以10~25℃最为适宜。

留单芽成单株，使其早开花，花后留1~2节短截，长出的新芽可继续开花。

11
花毛茛
Ranunculus asiaticus

别名：芹菜花、波斯毛茛
科属：毛茛科，花毛茛属
类别：块根类
花期：4~5月
株高：20~45cm

生态习性

喜凉爽及半阴环境。喜疏松肥沃、排水良好的砂质土壤。忌湿热，较耐寒。在我国长江流域可以露地越冬。

花园应用

花毛茛花大且花色繁多，可盆栽或做切花，也可植于花坛、花境或林缘、草坪四周。

12
欧洲银莲花
Anemone coronaria

别名：罂粟牡丹
科属：毛茛科，银莲花属
类别：块根类
花期：4~5月
株高：30~40cm

生态习性

喜阳光充足、湿润凉爽的环境。喜肥沃、排水良好的砂质壤土。忌高温多湿，较耐寒。

花园应用

欧洲银莲花花大色艳、茎叶优美，适宜布置花坛或花境、林缘丛植，也可盆栽。

欧洲银莲花种植方法

栽植前要用水或湿沙将块根浸泡1~2天，使其吸水膨大。种植时块根的尖头要向下，不能倒置。

盆土用园土3份，腐叶土和砻糠灰各1份，每盆用1把腐熟的堆肥或鸡粪，在口径20cm的盆中可种3~5个球。栽植深度1.5cm。栽植通常在9月下旬，气温低于20℃时进行。

种植后浇透水，放置在向阳处，约20天可长出新叶。冬季放大棚或温室内保持5℃以上可继续生长，并可形成花蕾，提早开花。

浇水要控制不要使盆土太潮，以防块根腐烂，可视湿度高低，一般约3天左右浇一次，若温度低更要少浇，肥料每半月施一次10%的饼肥水。

露地栽培，气温不低于-10℃即可安全越冬，来年开春，2月中旬前后开始生长，如能淡勤施，3月可开花。开花期间，每周施一次10%的饼肥水，可促进花芽不断形成，直至5月气温升高才逐步停止。

花后气温升高，老叶开始变黄，至6月叶片基本全部枯萎时，可将地下块根掘起，但不要立即分割，注意防止水淋，待充分凉晒干后，用竹篓等物装好放在干燥通风处储藏。盆栽的可连盆放干燥避雨处，停止浇水，直至9月再翻盆。

单花期约一周，花后7~10天种子即成熟，此时聚合果由青绿色变为灰黄色，果实手感松软，即要及时采收，否则易随风散落。种子采后要晾干，放避雨通风处保存。采下即播，播后10~15天发芽，翌春可开花。

生态习性

原产我国，多野生于常绿阔叶林下或溪流岩石旁。多年生常绿草本，具匍匐粗根状茎，有节和鳞片。叶单生，具长柄。坚硬、挺直，长椭圆状披针形或阔披针形。叶鞘3~4枚，生于叶的基部，带绿褐色，具紫色细点。花单生短梗上，紧附地面，花被钟状，外面紫色，里面深紫色，径约2.5cm。性喜阴湿温暖的环境，忌干燥和阳光直射。要求疏松肥沃、排水良好的砂质壤土。冬季5~10℃能安全越冬。分株繁殖。

花园应用

一叶兰叶片浓绿光亮、质硬挺直，又极耐阴，温暖地区适宜庭院散植，或丛植于林阴下、花境、建筑物阴面，也可盆栽，作观叶盆花，陈设于室内观赏。

13 蜘蛛抱蛋

Aspidistra elatior

别名：一叶兰
科属：百合科，蜘蛛抱蛋属
观赏期：春季
株高：约70cm

14
沿阶草
Ophiopogon bodinieri

别名：麦冬、书带草
科属：百合科，沿阶草属
观赏期：6~7月
株高：15~30cm

生态习性

我国华东、华南、华中均有分布，多生于海拔600~3400m的山坡林下潮湿处或溪旁。多年生常绿草本。地下匍匐茎长，先端或中部膨大成纺锤形肉质小块根，节上具膜质的鞘。叶呈禾叶状，基生成丛。总状花序长达5cm，具几朵至十几朵花，小花梗稍下弯，花淡紫色或白色。性喜温暖湿润、半阴环境，忌阳光暴晒，不耐盐碱和干旱。要求疏松肥沃、排水良好的土壤。分株繁殖。

花园应用

沿阶草是优良的耐阴湿地被植物，宜作小径、步阶路旁等镶边材料，也可点缀假山岩壁，或片植于林下作地被植物。亦可盆栽观赏。

生态习性

原产我国南方各省区及日本。生于坡地、林下阴湿处或水沟边。多年生常绿草本。根状茎细长，成匍匐状。叶3~8枚，簇生，条形至披针形，长10~38cm，深绿色，具叶鞘。穗状花序，花无柄，粉红色，芳香。浆果球形，成熟时鲜红色。性喜温暖湿润环境。较耐寒，极耐阴，不耐干旱。要求排水良好、富含腐殖质的湿润砂质壤土。分株、播种均可繁殖。

花园应用

吉祥草植株矮小、四季常绿，是优良的耐阴湿观叶地被植物，宜植于密度较高的树林下，也可布置于湖畔、水沟边，或与其他林下植物混种配置，以增加色彩、活跃气氛。北方盆栽作室内观叶、观果植物。

15 吉祥草

Reineckia carnea

别名：小叶万年青、玉带草
科属：百合科，吉祥草属
观赏期：9~11月
株高：15~25cm

'金盏银台'

16

中国水仙

Narcissus tazetta var. *chinensis*

别名：金盏银台、雅蒜
科属：石蒜科，水仙属
类别：鳞茎类
花期：1～2月
株高：20～80cm

生态习性

性喜温暖湿润、阳光充足的环境。喜肥沃湿润、排水良好的中性或微酸性黏质壤土。尤以冬无严寒、夏无酷暑、春秋多雨的环境最适宜。较耐寒。中国水仙早春开完，6月中下旬地上部分逐渐枯黄，地下鳞茎开始休眠。

花园应用

水仙株丛清秀、花淡雅芳香，多盆栽水养，作为室内几案、窗台点缀。也宜布置花坛、花境或丛植于疏林、草地。既是良好的切花材料也是很好的地被花卉，一经种植，可多年开花，不必每年挖起。

水培水仙的注意事项

水仙球的削切只是影响水仙开花的形态而已。水培水仙最重要的是阳光和温度。

阳光充足，花茎才能充分生长。晚上不低于0℃，水不结冰就可以。或者可以晚上控水，就是把盆里的水倒掉，第二天早晨再加水。

如果温度太高了，比如放在空调的房间里晒着太阳，很快叶子蹭蹭蹭长高了，越来越像大蒜的样子，虽然最后花莛也是会出来，但是球根的营养都被叶子吸收掉了，就再也没力气开花了。所以很多长成大蒜的水仙最后会“消苞”，就是看着花骨朵都长出来了，就是不开花，慢慢地干瘪掉了。

如果有院子，买一箱国产水仙地栽也挺好。找一个向阳的地方，10月底到12月初都可以种，第一次浇过水后就不用管了。早春时节，满院子都是甜美的香味!

TIPS

中国水仙最多的是漳州水仙，花市上买到的也多是这种花瓣白色、中心为黄色的样子，也叫‘金盏银台’，也有重瓣。冬天用来水培居多，切球非常有讲究，可以拗成各种造型。当然也可以直接整球放在水里。还有一个是崇明水仙，花瓣及中间的花筒都是纯白色，更加珍贵一些。相比漳州水仙，花茎高花量大，但是开花时间长，香味更浓，而且地栽可以复球。

国产水仙洁白高雅，香味也特别好闻。

‘崇明水仙’

17
洋水仙
Narcissus pseudo-narcissus

别名：喇叭水仙、黄水仙
科属：石蒜科，水仙属
类别：鳞茎类
花期：冬、春季
株高：近30cm

生态习性

耐寒，华北地区可露地越冬。性喜温暖湿润、阳光充足的环境。喜肥沃湿润、排水良好的中性或微酸性黏质壤土。洋水仙品种极多，荷兰、英国每年都会推出100多个品种，被全世界广泛栽培。

花园应用

洋水仙花大、单朵，可作盆栽观赏，也宜布置花坛、花境或丛植于疏林、草地。

'Thalia'
'Accent'
'粉红魅力'
'天堂之春'

‘小懒虫’

‘Split Crown Orange’

‘嘹亮’

‘悄悄话’

‘冰清玉洁’

‘花仙子’

‘网线’

‘花之惊喜’

洋水仙的养护

洋水仙大部分的花比较大，没香味。一个花莛上就一朵花，而不像中国水仙那样，每个花莛上能开5~8朵花。优点是很容易复球，只要夏天防止球根腐烂，每年都会开花。

地栽洋水仙在每年的10~11月份买球后种下，长江中下游地区最晚不超过12月上旬。

第二年的早春三月，当柳条刚刚发出新芽，而郁金香也刚刚开始开花的时候，洋水仙们就不甘寂寞地绽放了。尽管颜色比较单调，大多都是黄的、白的，不过，它高雅洁静、独特的气质，很让人喜欢。

院子里地栽的洋水仙，每年花后，留着叶子继续施肥，直到地表的叶子干枯。这个时候起球，庇荫干燥保存即可。球多的话，用一箱黄沙，把球埋里面，不要淋雨就可以了。不起球也可以，注意不要有水涝。偶尔种其他花的时候还会不小心铲伤了，问题也不大。

所以大部分的洋水仙，买了一次之后，每年春天都会在院子里开出美丽的花来。

TIPS

传说中：水仙原是个长得非常美丽英俊的男子，叫“那格索斯”，有一次他在一山泉饮水，见到水中自己的影子，便爱上了自己。最后他扑向水中拥抱自己的倒影时，灵魂便与肉体分离，化为一株漂亮的水仙……

18

姜荷花

Curcuma alismatifolia

科属：姜科，姜黄属
类别：须根状的吸收根
花期：6~10月
株高：30~80cm

生态习性

姜荷花生长强健，对土壤适应力强，一般只要不是太黏重的土壤都可种植。如果是专业的地植生产，为顾及种球的采收，应选择砂质壤土，土层深厚，排水良好，而且不缺水的地方较适宜。

花园应用

姜荷花花期正值夏季切花种类、产量较少的时期，正好可以弥补夏季切花之不足，尤其是因其花形像荷花，花色又讨喜，常被用来作为敬神礼佛的花卉。

19

西西里蜜蒜

Nectaroscordum siculum

科属：百合科，葱属
花期：5月
株高：50~80cm

生态习性

适应性强，性耐寒，喜阳光充足。对土壤要求不严，以肥沃的黏质壤土为宜。

花园应用

多作花坛、花境的布置，也可盆栽观赏。

20 虾夷葱

Allium schoenoprasum

别名：北葱
科属：百合科，葱属
类别：鳞茎类
花期：5~6月
株高：20~30cm

生态习性

喜阳光充足、温暖湿润的环境，易受霜害。土壤以排水极好的砂质壤土为宜。原产欧、亚，北美亦有分布，我国东北和新疆的阿尔泰山区有分布。生于山坡、草地。多年生草本，鳞茎矩圆状卵形，外皮褐色。花莛圆柱形，高约50cm，伞形花序头状，多花、密集，花红紫色。

花园应用

多作花境带状种植，或丛植于草地、灌木前。

生态习性

生长期喜温暖湿润、阳光不过强的环境，冬季休眠期要求冷凉干燥、温度不可低于5℃的环境。要求富含腐殖质、排水良好、较疏松的砂质壤土。

花园应用

朱顶红花大色艳，叶鲜绿丰润，宜盆栽观赏或作花坛、花境配植。

21
朱顶红
Hippeastrum rutilum

别名：华胄兰、百枝莲
科属：石蒜科，朱顶红属
类别：鳞茎类
花期：春、夏、秋三季
株高：30~60cm

生态习性

适应性强，耐寒。喜凉爽、半阴环境，生长适温15~25℃。要求疏松肥沃、排水良好的砂质壤土，忌积水。

花园应用

大花葱叶姿优美、花莛挺拔、圆球状大的花序别具一格。多作花坛、花境布置，或在草地、灌木前丛植，也可盆栽观赏或做切花材料。

22

大花葱

Allium giganteum

别名：硕葱、高葱
科属：百合科，葱属
类别：鳞茎类
花期：5~6月
株高：约1.2m

23

韭兰

Zephyranthes grandiflora

别名：风雨花、韭菜莲、韭菜兰
科属：石蒜科，葱莲属
类别：鳞茎类
花期：6~9月
株高：15~30cm

生态习性

喜温暖、低湿环境。喜肥沃、排水良好的略带黏质的土壤，耐半阴也具一定耐寒性。

花园应用

可盆栽观赏或作花坛、花境材料，最宜林下、坡地丛植。

24

葱兰

Zephyranthes candida

别名：玉帘、白花菖蒲莲、草兰
科属：石蒜科，葱莲属
类别：鳞茎类
花期：6~8月
株高：30~40cm

生态习性

性喜阳光充足、温暖湿润的环境。喜富含腐殖质和排水良好的砂质壤土。耐半阴亦较耐寒。

花园应用

可盆栽观赏，也可丛植于林下、边缘或半阴处作园林地被植物，或花坛、花境、草地的镶边材料。

25
紫娇花
Tulbaghia violacea

别名：非洲小百合
科属：石蒜科，紫娇花属
类别：鳞茎类
花期：6~8月
株高：30~50cm

生态习性

性喜凉爽、湿润的半阴环境。适宜在富含腐殖质、排水良好的砂壤土生长。环境生长适温24~30℃。

花园应用

可盆栽，或栽植于花坛、花境，亦或林下、坡地丛植。

26
红花石蒜
Lycoris radiata var. *radiata*

别名：灶鸡花、龙爪花、蟑螂花、两生花
科属：石蒜科，石蒜属
类别：鳞茎类
花期：8~10月
株高：40~70cm

生态习性

性较耐寒，喜阴湿、排水良好的环境。也喜富含腐殖质的土壤。

花园应用

石蒜耐阴，可盆栽、水培或做切花。最宜作林下地被植物，或自然布置于溪间、石旁或于花境丛植。石蒜开花时无叶，应用时最好与其他低矮草花混植。

养护要点

繁殖：以分球、播种为主，不过从播种到开花要4~5年。

光照：喜欢散射光、不喜欢强光，适合林下或遮阴处种植。

生长期要经常灌水，保持土壤湿润，但不能积水，以防鳞茎腐烂。夏季休眠期浇水要少，春秋季需经常保持盆土湿润。

种植深度不宜太深，以鳞茎顶刚埋入土面为好。

土质要求排水良好的砂质土或疏松的培养土，偏酸性土壤，栽植时施适量的基肥和栽培后灌透水。

石蒜中最常见的有以下几种。

忽地笑 *L. aurea*：大花型，花鲜黄色或橙色，花被裂片背面具淡绿色中肋，强度褶皱和反卷；秋出叶，叶片阔条形，粉绿色，中间淡色带明显。

安徽石蒜 *L. anhuiensis*：黄色花大，较反卷而展开，边缘微皱缩；春季抽叶，带形。

中国石蒜 *L. chinensis*：大花型，花鲜黄色，花被裂片背面具淡黄色中肋，强度褶皱和反卷。

还有乳白石蒜、短蕊石蒜等。

杏色条纹石蒜

忽地笑

乳白石蒜

27

番红花

Crocus sativus

别名：藏红花、西红花
科属：鸢尾科，番红花属
类别：球茎类
花期：9~11月
株高：约15cm

生态习性

性喜阳光充足、凉爽湿润的环境。喜排水良好、富含腐殖质的砂壤土。较耐寒亦耐半阴，忌连作。不宜多施肥，否则易使球茎腐烂。

花园应用

番红花植株矮小，花色鲜艳，宜作花坛、草地镶边，或作林下地被植物。又可丛植于花境、岩石园作点缀，也常盆栽或水养观赏。花柱上部可作药用，俗称“藏红花”。

28
白及
Bletilla striata

别名：凉姜、紫兰
科属：兰科，白及属
类别：假鳞茎
花期：3~5月
株高：30~60cm

生态习性

喜温暖凉爽、半阴环境，喜肥沃、排水良好的砂壤土。又名连及草、甘根、紫兰等。《本草纲目》（草一·白及）："其根白色，连及而生，故名白及。" 白及也被归为球根植物，它新长出的假鳞茎是圆球形的，几年后会长成V字形块状或扁圆形不规则的假鳞茎。

白及也属于兰科植物，地生兰的一种，花形也和其他兰花极为相似，很早便作为观花类植物庭院栽培了。花有紫红、白、蓝、黄和粉等色，花期主要在春季至初夏。可布置花坛，或者丛植于比较荫蔽的花境、山石旁。院子的角落树下种了一棵白及，即使不怎么管，每年也能开很多美丽的小花。

花园应用

多与山石配置或自然式栽植于岩石园，亦宜花坛边缘或林下片植。也可作盆栽观赏。

生态习性

适应性强，耐寒，喜干燥、光照充足的环境。对土壤要求不严，但最宜砂质壤土。

花园应用

射干生长强健，多栽植于花坛、花境，或作草地丛植。亦可做切花、切叶，根茎可入药。

29

射干

Belamcanda chinensis

别名：野萱花、扁竹兰
科属：鸢尾科，射干属
类别：根状茎
花期：夏季
株高：50~100cm

30
皇冠贝母
Fritillaria imperialis

别名：花贝母
科属：百合科，贝母属
类别：鳞茎
花期：春季
株高：60~150cm

生态习性

喜阳光充足、温和凉爽的气候，耐严寒。土壤要求排水良好、深厚肥沃的砂质壤土。可略遮阴。

花园应用

皇冠贝母花色艳丽，花朵集中，宜作花坛、花境、疏林丛植，也可盆栽。

生态习性

多年生草本，鳞茎圆锥形。花单生茎顶，钟状下垂，通常紫色，较少绿黄色，有紫色斑点或小方格，非常别致。花期5~7月，果期8~10月。喜冷凉湿润的环境，排水良好，土层深厚、疏松，富含腐殖质的沙质壤土。

花园应用

花色艳丽，花朵集中，宜作花坛、花境、疏林丛植，也可盆栽。

31
贝母
Fritillaria

科属：百合科，贝母属
类别：鳞茎
花期：春季
株高：30~50cm

32

波斯贝母

Fritillaria persica

科属：百合科，贝母属
类别：鳞茎类
花期：春季
株高：30~60cm

生态习性

原产于西亚。圆锥花序，每个花序可生长出30~40朵的钟形花朵。花朵颜色有绿色、褐色及紫色等。

花园应用

线性植物，可以作为花境的主景植物。

33
雪片莲
Galanthus nivalis

别名：雪地水仙、小雪钟
科属：石蒜科，雪片莲属
类别：鳞茎类
花期：早春
株高：10~20cm

生态习性

喜湿润凉爽、半阴环境。喜排水良好、富含腐殖质的砂质壤土。

花园应用

多植于林下、坡地、草坪，又宜作花境、岩石园的布置。亦可盆栽或切花用。

生态习性

忌高温，不耐涝。喜阳光充足的环境和排水良好的砂质土壤。

花园应用

可用于花坛、花境及色块的配置。

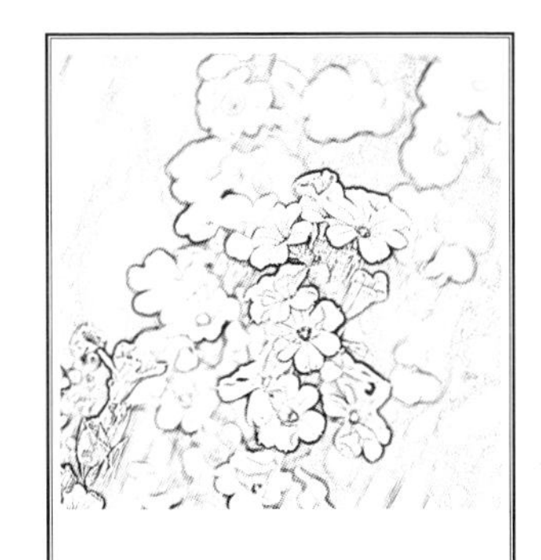

34

智利豚鼻花

Sisyrinchium striatum

科属：鸢尾科，庭菖蒲属
类别：根茎类
花期：5~6月

35

马蔺

Iris lactea var. *chinensis*

别名：马莲、箭秆风、蠡实
马兰花、马兰
科属：鸢尾科，鸢尾属
类别：根状茎
花期：5~6月
株高：35~45cm

生态习性

喜阳光充足，通风良好的环境。不耐水涝，耐盐碱、耐践踏、根系发达。在通风不良的条件下容易发生锈病。

花园应用

可作林下地被，亦可丛植布置花境、草地镶边，或散植于湖边溪畔，或用作岩石园点缀。

36

火星花

Crocosmia crocosmiflora

别名：雄黄兰、倒挂金钩、标杆花
科属：鸢尾科，雄黄兰属
类别：球茎类
花期：7~10月
株高：50~100cm

生态习性

性喜阳光充足的环境。耐寒，在长江中下游地区球茎露地能越冬。喜疏松肥沃、排水良好的砂质壤土。生长期要求土壤有充足的水分。

花园应用

南方可露地栽植布置花坛、花境，北方多盆栽观赏。

生态习性

喜夏季凉爽、冬季温暖的气候，具一定耐寒性，但忌高温闷热。土壤以肥沃、排水良好的砂质壤土为宜，pH值5.6~6.5为佳。球茎在4~5℃时即可萌动生长，生长适温20~25℃。一年之中只要有4~5个月生长期的地区，均可露地栽培。长日照促进花芽分化，短日照促进开花。

春花品种植株较矮小，球茎亦矮小，茎叶纤细，花轮小型。

花园应用

唐菖蒲花色多，富有文化内涵。非常适合庭园、花园、花境的种植。

37 唐菖蒲

Gladiolus gandavensis

别名：菖兰、剑兰、什样锦
科属：鸢尾科，唐菖蒲属
类别：球茎类
花期：夏秋季
株高：60~150cm

生态习性

喜温暖湿润、阳光充足的环境。土壤要求疏松肥沃的砂质壤土，忌积水。具一定的抗寒能力。

花园应用

百子莲叶浓绿、光亮，花秀丽、繁茂，适宜盆栽作室内观赏，亦可布置冬暖地区半阴处花坛、花境。

38

百子莲

Agapanthus africanus

别名：百子兰、非洲百合
科属：石蒜科，百子莲属
类别：根状茎
花期：夏季
株高：30~60cm

百子莲的养护

喜欢温暖、湿润和充足的阳光，盆栽和其他球根一样，需要疏松透气排水良好的土壤。

特别喜肥，需要肥料充足才会开出巨大花球。缺肥的情况下即使老株也不会开花。

春天或秋天可以分株繁殖，对于分株苗，更应给予充足的肥水，才能使其早开花。

生长季节注意经常保持盆土潮湿，但不能积水，否则容易烂根。 冬季休眠期则停止施肥。

在上海百子莲是可以户外过冬的，最寒冷的天气可能会冻坏部分叶片，不过新叶却是可以保持常绿。北方冬天还是移进室内，保持盆土适当干燥，像其他球根一样休眠越冬。

TIPS

百子莲还非常适合做鲜切花，它的花莛长、硬、直挺；花球大、色彩美丽，单花会持续盛开，花期长；而且百子莲的花瓣色泽柔和却质地硬朗，即使剪下插在水里，也能很长时间保持它优美的形态。

39
狭叶庭菖蒲
Sisyrinchium angustifolium

别名：狭叶蓝眼草
科属：鸢尾科，庭菖蒲属
类别：根茎类
花期：5~10月
株高：约50cm

生态习性

性喜阳光充足、排水良好的湿润环境，不耐寒。

花园应用

可花坛、花境作配植，亦可路边，草地等作镶边种植。

40
球根鸢尾
Iris Dutch

别名：扁竹花、紫蝴蝶
科属：鸢尾科、鸢尾属
类别：根状茎
花期：5~6月
株高：30~40cm

生态习性

喜阳光充足、凉爽的环境，较耐寒也耐半阴。要求排水良好的砂质壤土。在我国长江流域可露地越冬，华北地区需覆盖等保护越冬。

花园应用

多栽植于花坛、花境。可做切花。也可用于石间园台点缀，或植于水湿溪流旁。种类丰富，品种繁多。

41
姜花
Hedychium coronarium

别名：峨嵋姜花
科属：姜科，姜花属
类别：根状茎
花期：8~11月
株高：1~2m

生态习性

性喜温暖湿润的环境和肥沃疏松、具微酸性的砂质土壤，耐阴、不耐寒。温暖地区可露地越冬，翌年4月中下旬萌发，花期可持续到霜降。冬季休眠期需干燥。

花园应用

姜花花白色、芳香，叶片嫩绿，寒冷地区多盆栽观赏或温室地栽，冬暖地区可露地庭园栽植。

42

酢浆草

Oxalis corniculata

别名：酸三叶、酸味草
科属：酢浆草科，酢浆草属
类别：根茎类
花期：4~11月
株高：茎匍匐约50cm

生态习性

性喜温暖湿润、半阴环境，忌霜冻。要求肥沃深厚、排水良好的砂质壤土。

花园应用

可盆栽观赏，布置窗台、几架。亦可作花坛、花境镶边种植。若冬季温度低于0℃时，需将根茎挖出贮存于0~5℃的室内。全株可入药。

'毛叶酢'

'粉白桃之辉'

'Blush'

'Nidulans pom-pom'

'Pale tangerine'

'双色冰激凌'

'Red back'

'Palmifrons'

'Large form'

'白芙蓉'

'高杆'

'Elizabeth'

酢浆草的种植方法（以南方为例）

9月底至10月初就可以进行种植。一般10cm左右的塑料盆大球种1个就会有爆盆效果，中、小球种2、3个比较合适，有的品种则密植效果更好。

种植土壤需要透气排水性好，大多是泥炭+排水基质（如珍珠岩、蛭石、颗粒土等），根据适当的比例调配。在盆土里放一些基肥，如豆饼、骨粉或者缓释肥。

种植深度不宜过深，为球根直径的1~2两倍即可。

在酢浆草快速生长期最好每10天能追肥一次，追肥的原则是薄肥勤施。有机肥一定要充分腐熟才能使用，以防止烧根和生虫。

进入更凉爽的秋天，最晚初冬，大部分的酢浆草就开花了。Obtusa系列的则会推迟到春天开花。酢浆草的花期也非常长。

以生长和种植季节来分类的话，酢浆草大部分为秋植（秋天种植，夏天休眠）的品种。也有部分春植（春天种植，冬天休眠）比如：‘G4’‘铁十字’‘金脉’等。

还有四季（四季基本不休眠）品种，如‘银舞’‘紫叶’‘粉梦’等。

‘小蝴蝶’

‘一片心’

43
百合
Lilium spp.

别名：山丹、倒仙
科属：百合科，百合属
类别：鳞茎类
花期：6~9月
株高：70~150cm

生态习性

喜湿润、通风良好的环境。要求疏松肥沃、排水极好的富含腐殖质的砂质壤土。多要求微酸性土，忌连作。

花园应用

适宜栽植于花坛中心或作花境、林缘配置。高杆品种是优良的切花材料。

44

玉米百合

Ixiamaculata

别名：黏射干
科属：鸢尾科，小鸢尾属
类别：球茎类
花期：4~5月
株高：30~60cm

生态习性

喜温暖湿润的环境，不耐寒，忌高温。适宜排水良好、疏松的砂质壤土。

花园应用

可盆栽观赏或做切花，亦可栽植于花坛、花境。

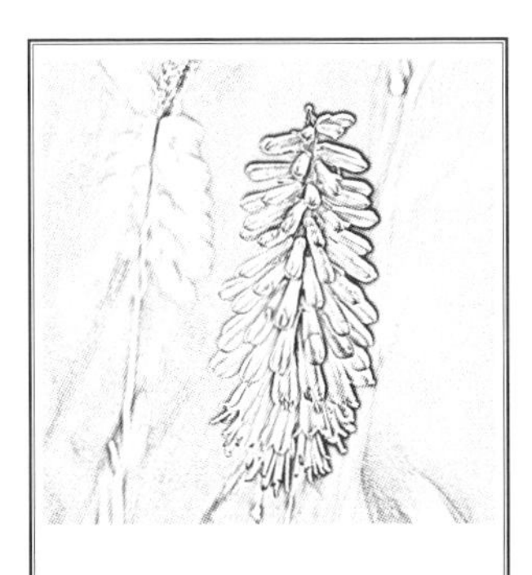

45
火炬花
Kniphofia uvaria

别名：火把莲
科属：百合科 火把莲属
类别：根状茎
花期：6~7月
株高：80~200cm

生态习性

火炬花主要为橘红色，也有黄色。

巨型火炬花是引进的新品种，植株高达2m。

喜阳光充足、温暖湿润的环境。喜排水良好、肥沃的轻黏质壤土。耐寒，忌雨涝积水。

花园应用

火炬花叶长，花序大而丰满，花色鲜丽如火。多应用作花坛、花境的背景栽植，或坡地、草坪片植。

46
六出花
Alstroemerias aurantiaca

别名：秘鲁百合
科属：石蒜科，六出花属
类别：根茎短
花期：夏秋季
株高：60~120cm

生态习性

六出花喜湿润、排水良好、富含腐殖质的中性土壤，怕积水。仅个别品种在-15~-10℃的短暂低温下不会冻死，其余种类均不耐寒或只能在温室、保护地越冬。

花园应用

六出花非常特别，它的花瓣上有可爱的斑纹，具有很高的观赏价值。常常用作草坪、林下栽植。亦可做切花，家庭盆栽都是非常好的装饰花材。

生态习性

性喜阳光充足、温暖湿润的环境，耐寒；以疏松肥沃、土层深厚的砂壤土为宜。产法国南部至摩洛哥、葡萄牙、西班牙。叶纤细，近圆柱形，花单生，花小、鲜黄色，副冠喇叭筒形。

花园应用

适宜作草地镶边布置，也可丛植或带植于小径两旁，或用于岩石园点缀。亦可盆栽观赏。

47

围裙水仙

Narcissus bulbocodium

别名：黄花围裙水仙
科属：石蒜科，水仙属
类别：鳞茎类
花期：2~3月
株高：10~15cm

48
郁金香
Tulipa gesneriana

别名：洋荷花
科属：百合科，郁金香属
类别：鳞茎类
花期：3~5月
株高：20~40cm

生态习性

郁金香喜阳光温暖的环境，要避风生长，可耐-14℃低温。喜欢富含腐殖质的土壤。

花园应用

郁金香品种繁多，花期早，花色艳丽，是著名的切花材料，适宜作花坛、花境布置。可用低矮品种或其他花色品种布置春季花坛，高杆品种适宜作花坛中心栽植或自然丛植于草地边缘、林缘。中矮品种可作盆栽观赏。

‘火鹦鹉’

原生郁金香

‘鹦鹉王’

‘夜皇后’

49
马蹄莲
Zantedeschia aethiopica

别名：慈姑花、水芋
科属：天南星科，马蹄莲属
类别：根状茎
花期：冬春
株高：70~100cm

生态习性

喜温暖湿润、稍庇荫的环境。不耐寒，不耐旱。生长适温在20℃左右，温度不宜低于10℃。喜疏松肥沃、排水良好的黏质土壤。彩色品种栽培中要求略干燥的环境条件。

花园应用

马蹄莲大花苞硕大，叶片翠绿、挺拔，是国内外重要的切花花卉，常用于喜庆花束、花篮或插花。矮小品种常作盆栽观赏，冬暖之地亦可植于塘畔、溪边等处观赏。

养护要点

喜温暖、湿润和稍有遮阴的环境，但花期要阳光充足和干旱。

不耐寒，10月中旬要移入温室，冬季更需要充足的光照。低于5℃，被迫休眠，低于0℃时球茎就会冻死。

夏季避免阳光直射，在遮阴情况下，还需要经常喷水降温保湿。若温度高于25℃，块茎进入休眠状态，这时候要控制浇水，置于干燥、有柔和光线处。

喜水，生长期土壤要保持湿润，但水分过多易又易引起根腐病。

喜肥，土壤要求肥沃、生长期间要多浇水施肥。追施液肥时，切忌肥水浇入叶鞘内以免腐烂。见蕾后应增加施肥量，延长花期并使花大而艳，花蕾不断，常年开花。

在盆栽马蹄莲中，追施硫酸亚铁能使马蹄莲叶片变大、变厚、变绿，平滑有光泽，叶柄不易伸长，从而保证叶片美观。同时能促进花蕾形成，延长花期。

最好用保水性能好的黏质壤土。

花期比较长，长江以北地区室内栽培一般花期为12月底至翌年4月，其中3~4月为盛花期。长江以南地区露天养殖花期在5、6月。

马蹄莲的花有毒，内含大量草本钙结晶和生物碱，误食会引起昏眠等中毒症状。它的块茎、佛焰苞和肉穗花序也有毒。咀嚼一小块块茎可引起舌喉肿痛。

生态习性

原产欧洲、西伯利亚。生长在山地路边、林缘或疏林下。多年生宿根草本。茎直立，多分枝，被细柔毛。基生叶为二回三出复叶，小叶楔状倒卵形。茎生叶较小，与基生叶相似；叶具长柄。花序具3~7朵花，花瓣5，卵形。花色有蓝色、紫色、白色或淡黄色；萼片5枚，花瓣状。性强健，喜凉爽气候，宜栽植于湿润、肥沃、排水良好的砂质壤土中。可耐~25℃的低温。忌积水。播种或分株繁殖。

花园应用

耧斗菜花形独特，叶形优美，可布置花坛、花境，或丛植林缘、疏林下，是优良的地被植物。也可做切花。

50

耧斗菜

Aquilegia viridiflora

别名：耧斗花、西洋耧斗菜
科属：毛茛科，耧斗菜属
观赏期：5~7月
株高：40~80cm

51

嘉兰

Gloriosa superba

别名：嘉兰百合、火焰百合、蔓生百合
科属：百合科，嘉兰属
类别：根状茎
花期：夏季
株高：蔓生，长1~3m

生态习性

喜温暖湿润的气候，耐阴、不耐寒。土壤要求疏松肥沃、排水良好且保水力强的壤土。

花园应用

嘉兰花色艳丽、花姿优美、花期长，在温暖地区多作垂直绿化装饰如廊架，北方可盆栽。

52 小苍兰

Freesia Hybrida

别名：香雪兰、小菖兰
科属：鸢尾科，香雪兰属
花期： 2~4月
株高：10~40cm

生态习性

喜温暖湿润，喜阳光充足，但夏季要适当遮阴处理，适生温度15~25℃。宜于疏松、肥沃、砂壤土生长。

花园应用

适于盆栽或做切花，小苍兰花朵秀雅，花色丰富，馥郁芳香且花期较长。花期正值缺花季节，在元旦、春节开放，深受人们欢迎。可作盆花点缀厅房、案头。也可栽于庭园、花坛、花境等地。

生态习性

喜温暖、湿润的气候。略耐阴，不耐寒，夏忌烈日暴晒，需置荫棚下。耐盐碱。生长适温15~20℃，冬季需在不低于5℃的地方越冬。生长期间需大肥大水，要经常施肥，尤其是开花前后和开花期。

花园应用

文殊兰叶丛优美，花色素雅，芳香，盆栽适宜厅堂、会场布置。冬暖地区亦可花坛、花境栽植或路旁丛植。

53 文殊兰

Crinum asiaticum var. *sinicum*

别名：文珠兰、罗裙带
科属：石蒜科，文殊兰属
类别：鳞茎类
花期：7~9月
株高：1m左右

生态习性

产我国东部，西伯利亚、朝鲜、日本也有分布。喜向阳处，宜栽植于地形高燥、土层深厚、疏松肥沃的壤土或砂质壤土，排水必须良好，否则易引起根部腐烂。盐碱地及低洼处不宜栽种。生长于山坡草地或疏林下。茎丛生，基部及顶端为单叶，其余为二至三回羽状复叶，小叶通常3深裂。花单生，有长梗，花大，花直径为5.5~10cm，花色多样。

花园应用

芍药适应性强，是我国传统名花之一。花期长，观花效果比牡丹尤甚。常作专类花园观赏，或布置花境、花坛，亦可自然式栽植于庭园。

54

芍药

Paeonia lactiflora

别名：山芍药、土白芍、白芍
科属：毛茛科，芍药属
类别：肉质根
花期：4~5月
株高：60~120cm

55

虎眼万年青

Ornithogalum caudatum

别名：鸟乳花
科属：百合科，虎眼万年青属
观赏期：7~8月
株高：1m左右

生态习性

原产非洲南部，欧、亚、非广为分布。多年生草本。叶带状，近肉质，有5~6枚，先端尖，长可达60cm。总状花序边开花边延长，有50~60朵小花，花被片6枚，白色，中间有一条绿色的带。花莛较粗壮，连同花序高达1m。虎眼万年青不耐寒，夏季要适当遮阴，忌过强的阳光。要求排水良好的土壤。分栽短匐茎或分植小鳞茎繁殖。

花园应用

虎眼万年青具淡绿色大鳞茎，又耐半阴，适宜北方室内布置或盆栽观赏。

生态习性

白肋喜温暖、湿润和阳光充足的环境。叶片呈带状，翠绿色，长约35cm、宽约8cm，叶片中央有一条宽1cm左右的纵向白色条纹，从叶基直至叶顶。花莛从叶腋间抽出，球茎越大，花莛越多，每个花莛顶端开花2～6朵，以4朵居多，花喇叭形，花直径约12cm，花白底密布红色细脉纹，花茎中空。

花园应用

白肋花朵大，花色鲜艳，花茎亭亭玉立，可自然布置于花坛、花境或林下。也可盆栽观赏，布置室内几案或阳台窗前，亦可用于切花。

56 白肋

Hippeastrum reticulatum

别名：孤挺花、百支莲、君子红
科属：石蒜科，朱顶红属
类别：鳞茎类
花期：4~6月和9~10月
株高：30~60cm

57 地中海蓝钟花

Scilla peruviana

别名：秘鲁绵枣儿、地金球
科属：百合科，绵枣儿属
类别：鳞茎类
花期：春季
株高：约20cm

生态习性

原产地中海一带，我国引种栽培。喜光也耐半阴，耐旱、耐寒。喜疏松肥沃的砂质壤土。

主要用分球法繁殖，多在秋季进行。也可播种繁殖，实生苗需培养3—4年方能开花。栽培中，春季需施两次较浓的肥料，花谢叶枯后休眠。休眠期鳞茎可挖起贮存，也可在原地不动。

花园应用

地中海蓝钟花株丛低矮，蓝紫色花序大，宜布置岩石园，或作盆栽观赏。

生态习性

分布于云南、四川、甘肃、青海、西藏等地，生长于海拔2700~4200m的山地草边或沟边。茎通常数条，近直立或斜升起，被疏生的白色绒毛。花单生茎顶，花小，花冠蓝紫色，长约7mm，裂片5，内面和喉部有密毛。

花园应用

目前尚未人工引种栽培。

58
蓝铃花
Cyananthus hookeri

别名：洋杜鹃
科属：桔梗科，蓝钟花属
类别：根状茎
花期：8~9月
株高：10~40cm

生态习性

分布于我国东南部至西南部，印度至马来西亚都有。多栽培或野生于山坡灌丛或林阴下，喜温暖、湿润的环境。适宜种植于土层深厚、疏松肥沃且排水良好的砂壤土。根状茎为芳香健胃、驱风药。

花园应用

宜布置庭园、高大建筑物的阴面，或片植于林下。

59

莪术

Curcuma zedoaria

别名：郁金、蓬莪术
科属：姜科，姜黄属
类别：根状茎类
花期：4~6月
株高：约1m

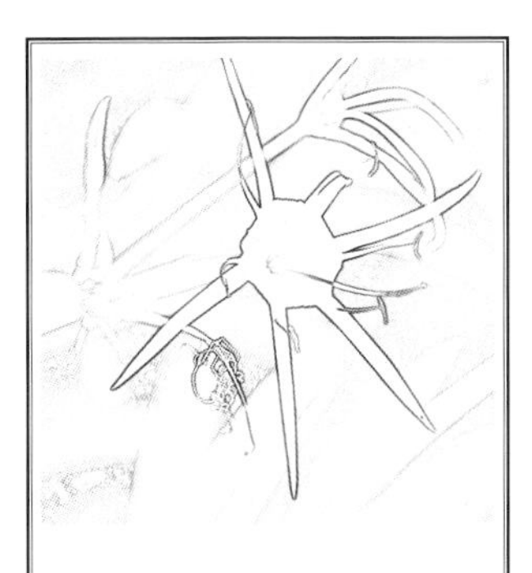

60

水鬼蕉

Hymenocallis littoralis

别名：美洲蜘蛛兰
科属：石蒜科，水鬼蕉属
类别：鳞茎类
花期：7~8月
株高：50~80cm

生态习性

原产美洲，我国长江以南地区有栽培。喜阳光充足、湿润的环境，耐半阴、稍耐寒。栽植宜疏松肥沃、湿润的壤土。

花园应用

水鬼蕉属耐阴湿观花观叶地被植物，宜布置花坛、花境，或片植于林缘、路旁，亦可种植于溪边、湖畔。

61

酒杯兰

Geissorhiza radians

科属：鸢尾科，魔杖花属
类别：球根
花期：春季
株高：80～100cm

生态习性

产南非西部和南部海岸，生长在砂质斜坡和花岗岩露出的地面。属小球茎类，颜色对比强烈，是南非酒杯花的代表品种。

花园应用

花朵小小的白色的非常可爱，适宜在花园、庭园、花境的边缘种植，显得很是静谧。

参考文献

中国科学院中国植物志编辑委员会. 中国植物志[M]. 北京: 科学出版社, 1993.

龙雅宜，许梅娟.常见园林植物认知手册[M].北京：中国林业出版社，2011.

主妇之友社编，陈林译. 轻松种植球根植物[M]. 北京：中国林业出版社，2001.

欢迎光临花园时光系列书店

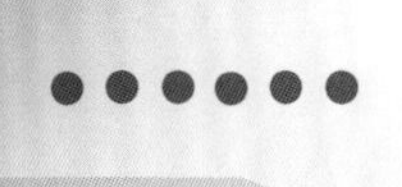

中国林业出版社天猫旗舰店　　花园时光微店

扫描二维码了解更多花园时光系列图书

购书电话：010-83143571